笑翻天

1分鐘生物課

哺乳動物篇

劉天伊
編著

繪時光
繪圖

林大利
審定

③

野人

GRAPHIC TIMES 064

笑翻天 1 分鐘生物課③

【哺乳動物】這次是小隻一點的！笑～哈～哈 (一樣是漫畫喔)

編　　　著	劉天伊		法律顧問	華洋法律事務所　蘇文生律師
繪　　　圖	繪時光		印　　製	凱林彩色印刷股份有限公司
繁體版審定	林大利		初　　版	2024 年 05 月 02 日
特約策劃	梁策		初版 3 刷	2024 年 07 月 31 日
特約編輯	張鳳桐			

社　　　長　張瑩瑩
總　編　輯　蔡麗真
美術編輯　林佩樺
封面設計　TODAY STUDIO
校　　　對　林昌榮

責任編輯　莊麗娜
行銷企畫經理　林麗紅
行銷企畫　李映柔
出　　版　野人文化股份有限公司
發　　行　遠足文化事業股份有限公司 (讀書共和國出版集團)
　　　　　地址：231 新北市新店區民權路 108-2 號 9 樓
　　　　　電話：(02) 2218-1417
　　　　　傳真：(02) 8667-1065
　　　　　電子信箱：service@bookrep.com.tw
　　　　　網址：www.bookrep.com.tw
　　　　　郵撥帳號：19504465 遠足文化事業股份有限公司
　　　　　客服專線：0800-221-029

有著作權　侵害必究
歡迎團體訂購，另有優惠，請洽業務部
(02) 22181417 分機 1124

特別聲明：有關本書的言論內容，不代表本公司／出版集團之立場與
　　　　　意見，文責由作者自行承擔。

國家圖書館出版品預行編目 (CIP) 資料

笑翻天 1 分鐘生物課③ / 劉天伊編著；繪時光繪圖 . -- 初版 . -- 新北市：野人文化股份有限公司出版；遠足文化事業股份有限公司發行，2024.05.02
4 冊 ; 15×21 公分 . (Graphic times ; 64) ISBN 978-626-7428-54-2 (第 3 冊；平裝)　1.CST: 動物學　2.CST: 漫畫

113004597

● 目錄 ●

名下房地產不少，
大部分都是
用來歇歇腳啦！

鼠兔，你到底是鼠還是兔？

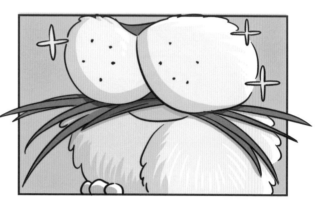

有一種動物,長著一張兔子的三瓣嘴,上唇有一道明顯的豎向裂口線。

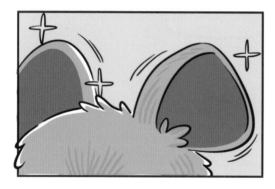

腦袋上卻頂著兩隻短短圓圓的老鼠耳朵,屁股上甚至連小小的尾巴都沒有。

你說牠是老鼠吧,牠動動三瓣嘴,又扭了扭小屁股,十分不認同。

你說牠是兔子嘛，牠又抖了抖兩隻短耳朵，也不是很同意。

面對這樣一隻既像老鼠又像兔子的動物，科學家也很無奈，只好匯總了牠的外貌特徵，叫牠作「鼠兔」。

實際上，鼠兔是歸屬於兔形目，也就是說，牠們的名字裡雖然帶個「鼠」字，卻是道地的兔子。

鼠兔分布廣泛，而且還能適應山地高原的氣候，從青藏高原附近，到亞洲中部的高原或山地，再到亞洲東北部，甚至在北美洲和歐洲都能見到牠們的身影。

和一般柔弱的兔子不同，大多數物種的鼠兔熱中於登山，喜歡生活在海拔較高的多岩山地。

牠們還愛好挖洞，最喜歡在山地中建設屬於自己的洞穴。鼠兔對生活品質要求很高，喜歡嚴格管控生活品質，就連牠們打造的洞穴也是分等級的。

一般來說，鼠兔挖的洞穴分為三類：第一種，是牠們長期居住，為自己量身打造的豪宅，這種豪宅設施完善，光是祕密通道就有六、七條，這在牠們躲避天敵的時候能發揮巨大的作用。洞穴裡有一個主坑道，主坑道與地面垂直，空間非常大，直徑可以達到8～10公分。

主坑道以豎向垂直、橫向斜插等姿態與祕密通道相連，能直接通往地面，祕密通道的出口一般隱匿在灌木叢下或者亂石堆裡，即使是刻意尋找，也很難發現。

第二種洞穴則是鼠兔為了平時覓食而準備的臨時住所，像一個暫時休息房。這些洞穴「裝修」簡單，一般只有2～3條祕密通道，祕密通道的岔路也較少，所連接的主坑道也不算大，長度只有1公尺多。

鼠兔很少在臨時住所裡居住，一般都只在這裡臨時歇歇腳，緩解一下尋找食物的辛苦。

第三種，洞穴幾乎不能算作住宅，反倒是一種戰備需求，是為了觀察敵情而準備的，像是崗哨一樣的存在。

這種洞穴結構簡單，往往只有一個出口，洞穴內也非常狹窄，有的甚至不到1公尺長。

這種崗哨式的洞穴雖然簡陋，數量卻很多，而且離鼠兔真正的豪宅都很遠，遍布四面八方，能讓鼠兔擁有廣闊的觀察視角，更好地保護自己的安全。

崗哨式洞穴不僅地方狹小，而且工程品質也很普通，這種洞穴離地面非常近，天花板特別薄。

鼠兔之所以這樣蓋房子並不是出於成本考慮而粗製濫造，是為了防禦牠們的一些天敵。

比如說香鼬，能夠利用自己嬌小身材、靈活身體的優勢跟隨鼠兔鑽進洞穴進行獵殺。

在逃避這樣的敵人時，鼠兔會迅速挖穿薄薄的天花板，奮力一躍，逃之夭夭。當然，這樣操作之後，這個被發現的崗哨也等於徹底報廢了。

哨所隨時可以拋棄！

不過對鼠兔來說，這並不算什麼大事，畢竟作為洞穴挖掘大師，想要建造一個新洞穴實在是太容易了。

自己要住的當然要用心啊！

挖個洞而已，小意思

鼠兔的爪子長得又細又彎，是天生的掘土利器，再加上牠們對洞穴建造有著驚人的理解力，就算不看草圖也能挖出自己理想中的洞穴。

牠們既是設計師，也是建築師，同時還有驗收能力，所以施工時毫不含糊，效率奇高，精益求精，由牠們所挖掘的每一個洞穴品質都很高。

讓人又愛又恨的
小鳥室友

被迫出租房子的鼠兔!

鼠兔是洞穴建造大師，擅長挖掘各種各樣的洞穴，也熱中建造不同等級的房子，每隻鼠兔名下都有許多房地產。

但鼠兔並不善於管理這些不動產，又不知道上哪去雇用一個可靠的管理人。

鼠兔只能不定期地在各個房產間奔波巡查，以確保自己的房產沒有被他人占領或者盜用。

鼠兔在巡邏時也經常會發現一些用作臨時歇腳的公寓出現異狀，明明自己上次離開時打理得乾乾淨淨，怎麼再次入住時竟發現房子有被外人入侵的痕跡呢？

鼠兔的懷疑並非毫無根據，確實有一些鳥類，例如地山雀和雪雀，就喜歡趁鼠兔不在家的時候偷偷溜進來，一鳥獨享休閒時光。

對於鼠兔來說，這些暫時休息房並不算大房間，和自己真正的永居豪宅無法比較，但對於小鳥來說，這已經算是個很棒的度假飯店了，更何況還不用花錢。

一旦發現了鼠兔的臨時住宅，小鳥就會立刻入住，即使不需要在這個大飯店裡躲避狂風暴雨等惡劣天氣，縮在鼠兔的洞穴裡來躲一躲毒辣的太陽也是很不錯的。

更何況，鼠兔的洞穴是如此地寬敞、透氣。

小鳥非常喜歡鼠兔的房間，但這並不能讓鼠兔慷慨無私地把自己的房間讓出來，所以有時候小鳥闖進了鼠兔的洞穴，又恰巧遇到了屋主，雙方就會無可避免地發生爭執。

對於鼠兔來說，這些小鳥溜進自己辛辛苦苦挖出來的洞穴，還大搖大擺地竊居，簡直讓人生氣！

小鳥的心裡則想：反正鼠兔有那麼多的房子，自己不過是暫時借住，也不是要徹底奪走這個房子，鼠兔完全沒必要這麼計較呀！

更何況對於小鳥來說，鼠兔除了嚷嚷幾句，也沒有什麼真正的威懾力，小鳥才不怕鼠兔的抱怨呢。

畢竟真要吵起架，小鳥每天嘰嘰喳喳叫個沒完，在吵架這點也是占有優勢的！

面對這些糾纏不休的小鳥，鼠兔也是毫無辦法，即使再氣惱也只能默默忍受，並在內心暗暗祈禱這些擅自闖入的傢伙可千萬不要破壞自己的房子。

就當交房租了！

看到鼠兔終於默許了自己的入住，小鳥也會投桃報李，為鼠兔提供了一項服務——替鼠兔盯梢。

一旦牠們發現鼠兔的洞穴外有鼠兔的天敵，牠們就會立刻高聲鳴叫，為鼠兔示警，提醒鼠兔趕緊回到安全屋，或者從祕密通道快速撤離。

在感受到與小鳥同住的好處之後，鼠兔便欣然接受了小鳥室友的存在，更何況牠又不只有這一間房子，就算被小鳥占領了一處，還有許多處，實在不行，自己再挖一個，也不怎麼費力氣。

得到鼠兔的認可後，小鳥也住得更加心安理得、理直氣壯了。

能者多勞的哀傷

勤快的鼠兔被欺負

一些動物會在寒冷的
冬天到來前，選擇遷
徙到溫暖的地區生
活；而一些無法改變
生活環境的動物則大
多選擇用冬眠來熬過
漫漫嚴冬。

但鼠兔和這兩
種動物都不一
樣，即使冬天
來臨，牠們也
不會離開自己
的家園。

牠們選擇降低自己的新陳代謝和體溫,從而讓自己更從容地度過食物缺乏的寒冬。

當然,為了讓自己的冬天過得更加安心,牠們也會去採摘植物,做好過冬的準備工作。

採摘從來就不是一項輕鬆的工作，更何況鼠兔的周圍又遍布著天敵，天空中有鷹和鵰，岩石間又有狐狸、鼬和狼。

可以說，鼠兔每一次進食和採集都是冒著生命危險的。

好在鼠兔的食物選擇比較多，牧草、地表的地衣、苔蘚等，都能滿足牠們對食物的需求。

作為兔子的親戚，鼠兔會用長長的門牙咬斷植物的莖稈。

然後把它們捆成一小捆，橫向叼在嘴裡。

鼠兔並不貪心，每次只要叼上幾根就會蹦蹦跳跳地跑回自己的洞穴。

當然，這也是出於安全考慮，畢竟一隻叼著滿嘴植物的鼠兔在行動上不會那麼輕便，而且叼著一捆歪倒的植物活蹦亂跳地移動，也很容易被天敵發現。

剛剛被咬斷莖稈的植物還飽含水分，無法作為儲備糧收藏起來，鼠兔只好把它們擺在自家門口，讓太陽蒸發掉它們的水分，等到徹底乾燥後，鼠兔才會把它們收進家中。

冬日漫長，鼠兔當然不會滿足於這一點兒食物。

等牠把植物擺好後，就會立刻精神抖擻地準備採摘下一捆植物了。

但老老實實準備食物的鼠兔前腳剛走，後腳牠的家門口就會出現一個熟悉的身影——那也是一隻鼠兔，只不過是一隻狡猾的、企圖不勞而獲的鼠兔。

作為盜食者，牠們並不莽撞，每次都是在先細心觀察，再三確定勤快的鼠兔已經離家覓食後才躡手躡腳地出現，而且為了可持續地偷竊，牠們也不會一次性地把所有植物都打包帶走，牠們一次只會偷拿個幾根植物。

如果勤快的鼠兔不仔細觀察，甚至不會發現自己辛辛苦苦採來的食物被偷了。

勤快的鼠兔在幾番奔波後也會陷入懷疑，不明白自己花了這麼大的力氣，為何才採摘了這麼一點兒植物？

但只要牠們沒有當場撞見盜竊現場，就無法發現自己被其他鼠兔當作免費「工具兔」的可悲事實。

但一旦撞破案發現場，勤快的鼠兔瞬間就會明白為什麼自己一直不停地幹活，也達不到自己預期的目標，原來是因為自己冒著生命危險摘來的植物，都被同類竊取了。

想到自己付出的辛苦，勤快的鼠兔再也無法壓抑心中的暴怒，驚聲尖叫起來。

鼠兔的叫聲高亢、響亮，穿透力極強，這也是牠們被稱為「鳴聲鼠」的原因。猛然聽到這樣的聲音，任誰都會被嚇一跳。

即使偷糧的鼠兔心理素質再好，也招架不住這憤怒的吼聲，牠們會嚇得當場丟下偷來的食物，急忙逃竄而去。

勤快的鼠兔當然不肯放過痛擊小偷的機會，但是大家都是同類，運動神經發達程度相似，對方又占了先機，所以即使追上去也很難制服對方。

勤快的鼠兔追了一陣子，在對方的身影愈來愈遠後，也只能選擇放棄，重新回到食物的採集工作了。

勤快的鼠兔只想著盡快把被偷走的食物補上，牠卻不知道牠準備的食物不止有剛剛發現的小偷來拿。一隻勤快的鼠兔總是在不知不覺間為另外兩到三隻投機取巧的鼠兔準備了充足的糧食，成為了牠們度過寒冬的「免費飯票」。

就別問我的能量從哪兒來的吧！

高原鼠兔的生存智慧！

高原鼠兔吃氂牛便便了！

高原鼠兔就像牠的名字一樣，是生活在高原上的鼠兔。在海拔3100～5100公尺處，像青藏高原的一些地區，巴基斯坦、印度和尼泊爾等地也常常有牠們的身影出現。

牠們以高山植物為食，每天都要吃掉大量的植物，提供身體充足的能量。

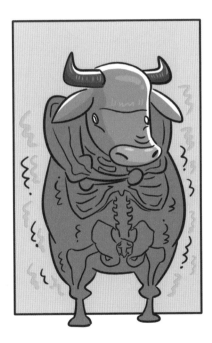

大多數動物都是透過骨骼發抖來保暖的。

但高原鼠兔不一樣，牠們本身生活在寒冷的高原地區，卻並不需要發抖取暖，牠們靠燃燒自己積蓄在身體內的能量來保暖，好像體內自帶小鍋爐一樣維持了身體所需的溫度。

這些能量全都是由牠們日常進食的植物轉化而來。

高原的冬天不僅寒冷，而且資源匱乏，那些不愛提前貯存過冬糧食又不肯選擇冬眠的高原鼠兔，究竟是靠什麼來獲得充足的能量，從而維持自己的體溫，就很耐人尋味了。

尤其高原鼠兔平日裡挖掘了那麼多的洞穴，哪怕隨便找兩個當作自己的糧倉，也是輕而易舉的事。

可是高原鼠兔偏偏沒有做這樣的準備，這實在是讓人好奇，高原鼠兔到底是靠什麼來度過寒冬的呢？

冬天的高原確實是資源
匱乏，植被貧瘠，幾乎
寸草不生，但高原上卻
有數不清的犛牛糞便。

想要度過食物短缺的寒
冬，「開源」及「節流」
必不可少，高原鼠兔先是
減緩了自己的新陳代謝，
在冬季每日的能量消耗比
夏季降低了大約30％。

而後高原鼠兔又目光灼灼地望向了滿山的犛牛糞便，這些
犛牛糞雖然外形不美、氣味不佳，但裡面含有的能量和營
養成分，對高原鼠兔來說卻是十分豐富的。

在寒冷的冬天，犛牛糞便就是高原鼠兔生存的希望。

犛牛糞便除了能夠填飽肚子，還能夠提供高原鼠兔補充大量的益生菌。

因為在冬天時，高原鼠兔腸胃中的微生物群系組成會變得與犛牛非常相似，而犛牛的腸道中具有豐富的、能夠促進短鏈脂肪酸生成的益生菌群，可以明顯提高食物的轉化效率。

不過，高原鼠兔的冬天也不是餐餐吃氂牛糞便，畢竟有機會攝取一般食物時，牠們也會毫不客氣，氂牛糞便只不過是作為一種容易獲得，又容易消化的能量資源補充品。

其實氂牛和高原鼠兔在食物上是直接競爭者，牠們對食物的偏好有很多是重疊的。正常來說，一個地區內如果兩種動物在食物上呈現出鮮明的競爭關係，那麼牠們的數量就會呈現出負相關趨勢。

高原鼠兔偏偏採取了「我不光吃你愛吃的食物，我還吃你的便便」的策略，成功地降低犛牛對自己進食的影響。

在犛牛數量很多的高原上，高原鼠兔的數量不僅沒有減少，反倒有所增加。

所以說，吃犛牛糞便過冬，這也算是高原鼠兔的生存智慧！

為了維持智商
也只好拼了！

蛋白質和維生素，
布氏田鼠不變笨的祕密武器

布氏田鼠的胖瘦受季節影響，一到春天，牠們就成為了名副其實的胖子，整個身體都變得胖乎乎、圓溜溜的。
而到了秋天，牠們又會突然變瘦。

人類一旦發胖，就容易得到一些疾病，對健康造成影響。但布氏田鼠的肥胖卻是一種生存策略，是健康科學的「自然肥胖」。布氏田鼠發胖不會為牠們帶來疾病，可以說是一種健康的肥胖，也是為了存活而「必需的肥胖」。

布氏田鼠主要生活在亞洲草原和乾燥地區，牠們也是挖洞高手。喜歡群居的牠們通常會挖一個巨大的洞穴，再劃分出巢室、倉庫、廁所等區域，各部之間有縱橫交錯的地下通道貫通，最後挖出十幾個洞口作為透氣和通行使用。

不過到了冬天，牠們只會留下一個洞口進出，再把其他洞口封住，防止冷風灌入。除了堵住進風口，布氏田鼠還會在洞中填滿乾草用來禦寒。

禁止漏風！

如果乾草墊也不能抵禦寒冬，布氏田鼠就會使出牠們的必殺技——團抱取暖。

布氏田鼠毛茸茸的皮毛就是牠們取暖的最強配備，洞穴中所有的布氏田鼠聚在一起時就能溫暖地度過冬天。

真是大驚小怪！

對於布氏田鼠來說，維持溫度要靠毛皮，這很好理解。但維持智商則要靠吃便便，這就很令人費解了。

布氏田鼠每天都要吃便便，據統計，布氏田鼠的便便約有五分之一的量是被自己吃掉了。

在人們看來，布氏田鼠吃的是便便，但對布氏田鼠來說，牠們吃的是易於消化吸收的微生物蛋白和發酵生成的維生素等營養素。牠們吃便便就跟人們吃營養品類似。

布氏田鼠的糞便營養豐富，蛋白質含量極高，對於以植物莖葉為主要食物的布氏田鼠來說，沒有比吃便便更簡單易得的蛋白質了。

不吃,笨!

除了補充營養，布氏田鼠吃便便的另一個主要原因是防止變笨。布氏田鼠一旦停止吃便便，牠們的身體成分就會發生變化，神經傳導也會出問題。

這樣的變化會開始讓牠們的反應遲鈍，思維遲緩，甚至會影響記憶，找不到回家的路。

如果布氏田鼠不吃便便，只吃其他食物，那麼即使牠們吃得再快再多，牠們也無法維持住健康的體重，只會愈吃愈瘦，愈吃愈餓。

所以，想要擁有一個正常的生活，吃便便就必不可少了。

不過現在並沒有研究能夠證明，便便吃得愈多，布氏田鼠就愈聰明，如果那樣的話，布氏田鼠也不用吃其他的東西，只要不斷地吃便便就能成為世界上最聰明的生物了。

如果這一假說成真，那麼布氏田鼠之間可能就會爆發爭奪便便大戰了！

我不偷雞，但我偷魚

自己抓太累了，
香鼬有時也會「借」一下鄰居的庫存品

黃鼬俗名黃鼠狼，只要看到黃鼠狼這三個字，人們就總忍不住聯想到兩件事。一是牠驚天動地的臭屁。

二是牠對偷雞的執念。

作為黃鼬正經八百的近親——香鼬，牠們和黃鼬長得很相似，只是個頭上較黃鼬小上一圈，臉也沒有黃鼬那麼黑。

與黃鼬不同的是香鼬對雞真是沒有多大興趣，而且光看牠們的名字，也能知道牠們和黃鼬之間的最大差別──香！

黃鼬的屁之所以臭名遠播，主要是因為牠們肛門腺分泌物中有好幾種氣味刺鼻的硫化物。

只要牠們受到威脅，肛門腺體就會噴射出淡黃色的液體，這些液體迅速氣霧化，變成臭氣，鋪天蓋地，經久不散。

香鼬就不一樣了，牠的分泌液不臭反香，讓香鼬全身都散發出一股淡淡的幽香，所以香鼬也被稱為「香鼠」。

香鼬生活在森林草叢、高山灌叢及草地，在3000公尺以上的高山荒漠地帶和河谷地區也能看見牠們的身影。

香鼬能接觸到雞的機會比較少，似乎也不想為了一頓雞肉而背負罵名。

所以牠們選擇吃身邊的動物，成了鼠類的天敵。

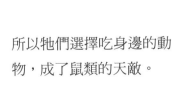

鼠兔、黃鼠都是香鼬喜愛的食物。

想改善伙食的時候，上樹捉鳥、下河摸魚也是常有的事。

說到捉魚，香鼬表示：雖說我藝高「鼬」膽大，潛水游泳不在話下，但能不自己動手就豐衣足食豈不是更好？

一旦有了這樣的想法，香鼬就會忍不住在日常捕獵時進行更多的觀察和探索了。

香鼬很快就發現了另外一種動物的好習慣：水獺喜歡把捉到的魚藏在洞穴石窟裡。

一旦發現水獺藏魚的洞穴，香鼬便會毫
不猶豫地鑽進去一探究竟，只要洞中有
魚且無水獺看守，香鼬就會毫不客氣地
飽餐一頓。

牠才不會在意水獺丟魚的
感受。

除非香鼬剛鑽進洞裡就
看見了一隻怒目齜牙的
水獺，那牠確實得考慮
考慮兩方的戰力差距，
到底是一戰到底，還是
趕緊撤退。

每一次獵捕
都會多一幢房地產

有吃又有拿，
可愛系殺手叫香鼬

和很多鼬類相比，香鼬長著水汪汪的大眼睛，圓乎乎的小臉和耳朵，牠們喜歡站直身體瞭望四周，總是一副可憐巴巴的樣子，看起來可愛無辜。

但實際上，牠們是冷酷無情的「劊子手」，不論白天黑夜都能痛下殺手。而且香鼬捕獵的時候動作敏捷，快若閃電。

香鼬主要以小型嚙齒類為食，並且善於爬樹，時常捕捉小鳥，有時也會潛入水中捕食小魚、蛙類。

香鼬特別喜歡捕食鼠
兔，鼠兔雖然無法正
面反擊，但也不肯輕
易就範。

一般鼠兔發現天敵後都會迅速地鑽回自己的洞穴避險，而
這個保命的方法對很多天敵來說也確實有效，像狐狸、豬
獾這些無法進入洞穴的動物都只能望洞興歎。

但香鼬卻能憑藉自身的柔韌和靈活，輕輕鬆鬆地鑽進鼠兔的洞穴，即使鼠兔堅持狡兔三窟，香鼬也能輕易逛遍牠的巢穴。

聰明敏捷的香鼬總有辦法把鼠兔巢穴中的鼠兔一網打盡。

而面對瑟瑟發抖的鼠兔一家，香鼬也展現出了跟牠可愛臉龐完全相反的攻擊性。

一隻香鼬平均一天會捕食4～6隻鼠兔，說香鼬是鼠兔的天敵一點兒也不誇張！

有時候香鼬在捕食洞穴中的鼠兔後還會霸占鼠兔的洞穴，尤其是在非繁殖季節，香鼬需要頻繁地更換自己的住所來躲避天敵。

挖掘洞穴實在是太費力了，香鼬雖然喜歡捕獵，卻不喜歡挖洞，再加上自己在捕食鼠兔時就能免費取得新洞穴，既然有簡單易得的贈品，自己又何必花力氣呢？

對於香鼬來說，趕走所有的鼠兔，新房子自然也就有了！

香鼬瘋狂捕食還有另外一個原因，那就是牠們愛好「囤糧」，喜歡建立自己的「糧倉」。

這些糧倉一方面能貯存自己平日裡吃不掉的食物。

更可以方便在食物短缺時救急。

這些日常狩獵的戰利品也會被牠們妥善地安置在「糧倉」裡，以備不時之需。

另一方面也是因為香鼬很難閒下來，牠們不肯放任自己浪費大好時光，總想把有限的時間投入無限的獵捕之中。

如影隨形的 強力「生化武器」

快逃呀！臭鼬的屁不只臭氣，
而是永難忘懷的惡夢啊！

提起會放臭屁的動物，
絕不能忽略掉臭鼬。

臭鼬的屁不是單純的臭氣，而是
霧狀臭液，恐怖的生化武器。

無論面對什麼樣的敵人，只要臭
鼬還能放出屁來，牠就無所畏
懼。

臭鼬的屁威力驚人，牠們的屁裡含有硫醇類化合物，硫醇類化合物散發著一種「聞起來就覺得很危險」的氣味。

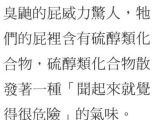

火山噴發前會有硫醇類化合物洩露，相當於先把危險的氣息散發出來。

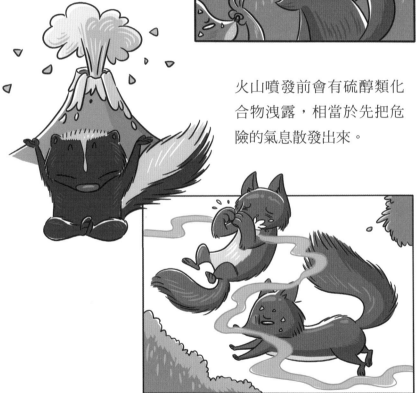

哺乳動物對硫醇類化合物的味道非常敏感，只要牠們嗅到硫醇類化合物的氣味就會不由自主地產生窒息感。身體也會因此而發出警報，催促著自己離開。

屏對於臭鼬來說，既是保護罩，又是凶悍的武器。

一道液體噴射過去，無論是哪個小動物都會留下一輩子的
心理陰影，因為臭鼬的屁絕不是你跑開就消失了。

臭鼬的屁裡還有另一個重要成分——羧酸硫醇類化合物酯，羧酸硫醇類化合物酯雖然氣味不重，但附著力驚人，可以在動物身上保留很長時間，一旦天氣潮溼或者沾上水，羧酸硫醇類化合物酯就會發生水解反應，釋放出硫醇類化合物。

因此一旦沾上了臭鼬的屁，就要和臭鼬的屁共存很久。

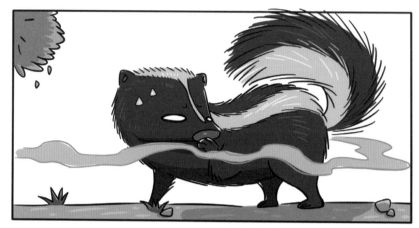

臭鼬的屁不光對於別人來說臭不可聞，對於自己來說也難
以忍受。這個你沒想到吧，臭鼬的屁竟然臭到連牠自己也
忍受不了。

所以牠們也不會閒著沒事放屁，
而是會調整自己的配方，精進自
己的放屁技藝。

臭鼬的屁這麼難聞，那麼究竟是什麼味道的呢？

據曾經被臭鼬攻擊過的「倖存者」講，初次聞到臭鼬的屁，就好像被人拿大棒子用力敲在後腦勺上，而自己的肺部也像被死死地攫緊，恨不得要擰出水來一樣。

臭鼬的屁也不光攻擊嗅覺，還會對眼睛造成
傷害，讓眼睛感到火辣辣的。

臭鼬的屁會麻痺中樞神經系統，造成頭痛噁心的反應，甚
至還能產生暫時性的失明。

臭鼬的屁很強悍，但並不是完全無敵，金鵰、白頭海鵰和
美洲鵰鴞對臭鼬都沒有什麼「敬畏」之心，因為牠們的嗅
覺不發達，臭鼬的屁對牠們幾乎不能產生威力。

除非臭鼬能瞄準牠們的眼睛進行噴射，不然幾乎對牠們沒
有任何影響。

不過,威力巨大的武器在每次使用後都要經歷長時間的冷卻,這也是臭鼬不會到處亂放屁的重要原因。

人類真奇怪，
把我的便便當黃金

咖啡豆的夢幻逸品，是麝香貓的傑作

麝香貓從來沒想到，有一天竟然會有那麼多人等著自己拉便便。

不少動物都喜歡吃便便，一些動物更是熱中於餵自己的寶寶吃便便。

還有一些動物整天追在別的動物身後，就盼望著能撿一口營養豐富的便便吃。

一般來說，人類不會對動物的糞便有食用的渴望，除非裡面有散發著致命吸引力的東西，比如說咖啡豆。

咖啡對於很多人來說已經是生活中不可少的存在，無論是提神醒腦的功效還是獨特的風味，都讓它擁有不少愛好者。

在不斷發掘改良咖啡豆品種的基礎上，人們開始有了更新、更大膽的追求，那就是研發在動物糞便裡發現的咖啡。

麝香貓也因此成為了萬眾矚目的存在，每天都有許許多多的人盼著牠們能拉出更多的便便。

在人們沒有關注麝香貓糞便裡的咖啡豆前，麝香貓還只是印尼地區一種普通無奇的夜行性動物。

牠們身體細長，腿短短的，大小像普通的家犬一樣，麝香貓的長度不一，如果不考慮尾巴的長度，普通的麝香貓體長一般會達到40～70公分，體重大約在3～7公斤。

40～70CM
5KG

麝香貓

尖尖的鼻子讓牠們看起來有一點兒像水獺。長長的大尾巴上面一般會有帶狀的條紋，覆蓋全身的濃密皮毛有一些粗糙，上面有斑點和條狀的紋理。

麝香貓是貓鼬的遠親，在飲食上也和貓鼬有相似之處。牠們棲息在樹上，一般只在晚上出來活動。

雖然有那麼多人都在為牠們糞便裡的咖啡豆瘋狂,但麝香貓並不是只以咖啡豆為食。

麝香貓喜歡吃昆蟲、水果、腐肉、小型爬行動物、囓齒類動物和小鳥。咖啡豆不過是牠們日常飲食中的其中一種。

18世紀初，荷蘭人在蘇門答臘島和爪哇島建立了咖啡種植園，在這之前，人們甚至沒有注意過麝香貓的飲食喜好。

咖啡園剛建立的時候，荷蘭人對咖啡豆的管控很嚴格，禁止當地人採擷和食用這種風靡歐洲的咖啡樹果實和其中的種子。

雖然這項禁令攔住了當地的居民，但對於麝香貓來說卻毫無影響。

麝香貓經常趁著夜晚溜進咖啡園。

經過果農精心培育的咖啡樹，長滿了紅彤彤的咖啡果，果肉鮮美多汁，簡直就像是特意為麝香貓準備的美味消夜。

麝香貓在咖啡園裡大快朵頤，而且只挑選最甜、
最熟的咖啡果吃。

在痛痛快快地飽餐一頓後，麝香貓也大大方方地把糞便留
在了咖啡園裡。

咖啡園的果農損失咖啡果的憤怒很快就被新發現的驚喜所取代，麝香貓雖然吃掉了咖啡果，但會把咖啡豆原封不動地拉出來。

這些咖啡豆經過麝香貓腸胃的發酵，反倒形成了一種更加特殊的風味。

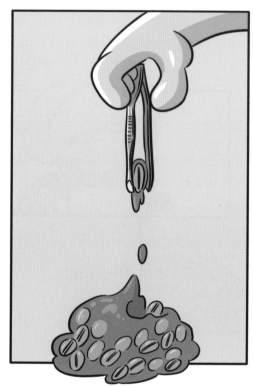

麝香貓的腸胃對咖啡豆產生一些影響，使咖啡豆因此帶有一些特殊風味。

另外，在排泄咖啡豆時，糞便會經過附近的麝香腺，咖啡豆也會因此而沾染分泌出的麝香，形成獨特的麝香香味，讓咖啡豆的味道更加豐富。

尤其是500克麝香貓排泄物中只能提取出約150克咖啡豆。而這150克左右的咖啡豆在烘焙過程中還會因為許多原因不可避免地損耗，有的時候損耗率甚至高達20%。

在種種機緣巧合下，貓屎咖啡成為了一種全新的咖啡品種，因為奇特的生產方式和風味而聲名遠播，成了不少咖啡愛好者的心頭好。

低產出、高損耗，讓貓屎咖啡成為了一種稀有的奢侈品。
每年供應全球的咖啡豆最多也不會超過400公斤。

這種稀少的食物也自然而然地被標上了高昂的價格。

當我打不過水獺的時候，我就吃牠的便便

能屈能伸，石虎叫你第一名啦！

石虎全身遍布著醒目的斑點，好似中國銅錢的圖案，所以在中國也被稱作「錢貓」。

石虎的體型和家貓相仿，但比家貓更為纖細，腿也更長，從鼻子一直延伸到眼睛的兩條白色條紋是牠們顯著的面部特徵。

雖說石虎的外型像家貓，但牠們並不是一般的家貓，就衝著牠們喜歡游泳，願意在水塘邊、溪谷邊生活、覓食這一點，就展現出了和一般家貓的巨大區別。

除了水邊，石虎也喜歡在山林地區、郊野灌木叢裡棲息，牠們攀爬能力極強，身姿輕盈，總是能輕而易舉地在樹林間穿梭、跳躍。

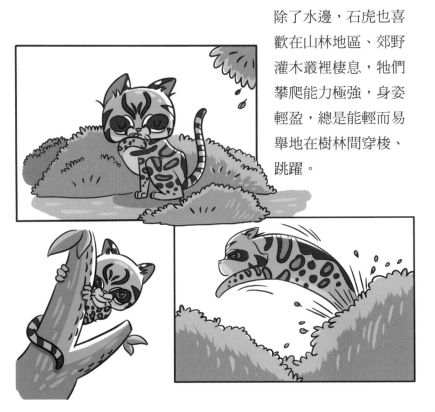

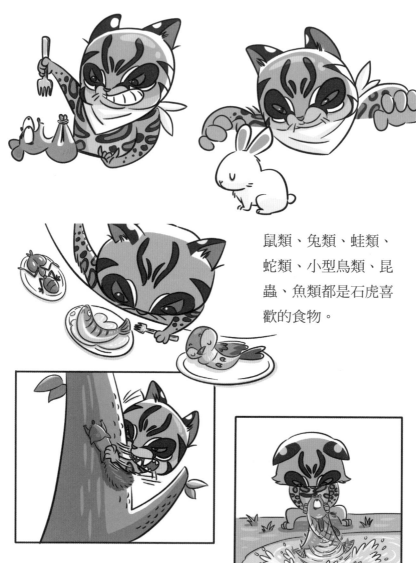

鼠類、兔類、蛙類、蛇類、小型鳥類、昆蟲、魚類都是石虎喜歡的食物。

生活在山林間的石虎比較容易捕捉到松鼠、飛鼠、兔子等動物。

生活在水源地附近的石虎則比較容易捉到魚吃。

當然，也有一些石虎膽大妄為，牠們會在農村附近生活。

總仗著自己動作敏捷而溜進村裡，盜食人類飼養的雞鴨等家禽。

分布在中國三江源地區（指長江、黃河、瀾滄江）的石虎喜歡吃魚，也經常鑽到山澗和有泉水流過的石窟裡去捕魚。

三江源地區的野生動物資源非常豐富，除了石虎還有不少喜歡捕魚的動物，所以石虎和其他動物經常會發生爭奪食物的打鬥。牠們比較常見的對手就是水獺。

水獺是捕魚高手，總能輕而易舉地捕捉到不少鮮美肥碩的魚。

牠們有一個非常有趣的習慣，就是喜歡把自己吃剩的魚藏在水邊的山洞裡或者石窟的縫隙裡。

有人藏魚自然就有人找魚，石虎就經常會憑藉自己靈敏的嗅覺和經驗，發現水獺藏魚的地方。

一旦發現水獺的倉庫「無人」看守，石虎就會肆無忌憚地吃個痛快，根本不管水獺發現自己的存貨被一掃而光時會有多麼悲痛欲絕。

當然，石虎絕不會承認自己巧取豪奪，掃光了水獺的庫存，牠們只會為自己的機智而感到慶幸。

對於石虎來說，沒有天上掉食物的時候，但是地上會有水獺留下的美味。

石虎的確總能發現水獺的寶庫，但並不是每次都能安然無恙地大快朵頤。

有的時候石虎剛循著味道和痕跡找來，樂呵呵地鑽進洞裡打算大吃一頓的時候，會突然發現水獺正蹲在庫房裡進行盤點。

水獺看見偷魚賊大搖大擺地闖進來，怎麼可能善罷甘休，一場惡戰瞬間就展開了。

不過石虎和水獺勢均力敵，不存在誰占絕對優勢的事，很難致對方於死地。

但無論誰輸了都只能放棄美味的大魚,灰溜溜地逃走。

石虎和水獺的奪魚大戰看似有趣,但從實際來看,是水獺虧了,畢竟魚是牠辛辛苦苦抓的,也是牠細心收藏的,而石虎不是來偷魚就是來搶魚,即使掠奪未遂也沒有任何損失。

但水獺就不一樣了，一旦打輸了，就只能眼睜睜地看著石虎這個壞蛋享用自己的勞動果實了。

為此，水獺只會竭盡全力戰鬥，保護自己來之不易的食物！

石虎對於輸贏倒是沒有太多的執念，畢竟吃不到水獺的魚，牠們還可以吃水獺的糞便。

水獺的糞便和水獺捕捉的魚看起來天差地別，但對於石虎來說，這只不過是牠們獲取食物和鹽分一種簡便而省力的方法。

只要不拘泥於形式，不在意味道，糞便和魚就沒有區別！

不過，也不排除個別石虎格外喜歡吃水獺糞便的可能。雖說是互相爭奪食物的勁敵，但愛和恨無法全然對立，說不定哪一天就有所反轉，化恨為愛，連帶著對方的糞便都可愛起來了。

貓中蜂鳥，餐餐都是吃香喝辣的

體型雖小，殺傷力巨大，
鏽斑豹貓是森林食物鏈頂端的殺手。

印度、斯里蘭卡的熱帶雨林裡靜悄悄的，沒有任何風吹過，但一片枯萎的樹葉突然翻了面。

一隻好像畫著煙燻妝的小貓暴露了，牠瞪著圓滾滾的大眼睛，警惕又冷漠地瞄了瞄四周，迅速鑽進了另一叢枯葉中，瞬間消失。

這隻渾身綴滿鐵鏽色斑紋的小貓正是「鏽斑豹貓」。

鏽斑豹貓是世界上最小的野生貓科動物之一。

剛出生的鏽斑豹貓只有60公克左右，跟一枚雞蛋差不多重。

即使成年，牠們的體重也只有不到2公斤，非常嬌小袖珍，一片大落葉都可以完美地遮蔽牠們的身體，成為牠們隱匿身形的道具。

和許多小貓一樣，鏽斑豹貓白天一般都窩在自己的巢穴裡睡覺。

到晚上，牠們才會出門。

牠們身體輕盈，爪子鋒利得像一個個彎鉤，可以輕鬆釘在樹上。

牠們的後腿肌肉非常發達，有強大的伸縮能力，能產生很大的推動力，讓牠們咻地就跳上樹。

牠們的骨骼也為爬樹提供了極大的助力。靈活的脊柱，彎曲和伸展性很強，簡直就像是一個加速器，能讓牠們更快地攀爬。

因為爬樹很容易，茂密的樹葉又能輕鬆藏匿自己的身體，所以鏽斑豹貓非常喜歡在樹上棲息。

鏽斑豹貓體型雖小，運動能力卻十分驚人，殺傷力十足，是站在森林食物鏈頂端的殺手。

樹上的小鳥，

河裡的魚，

甚至藏在陰暗角落的青蛙和昆蟲，還有
跑來跑去的蜥蜴，這些統統都是鏽斑豹
貓的美食。

能夠擁有這樣頂尖的獵殺技術，並不是因為鏽斑豹貓天性喜歡殺戮，主要是因為牠們實在是餓得太快了，所以不得不到處追擊獵物來填飽肚子。這也是牠們常被稱為「貓中蜂鳥」的原因。

個頭兒小，新陳代謝快，鏽斑豹貓必需要不停地進食來彌補身體消耗的巨大能量。

鏽斑豹貓一次能吃掉等同於自己體重五分之一的食物，相當於一個50公斤的人類，一餐吃掉10公斤的肉，而且還不耽誤下一餐照樣吃這麼多。

除了極強的運動能力，鏽斑豹貓的感官也非常發達，視力是人類的六倍。

牠們的嗅覺更是強大到能區分十億種氣味。

靠實力說話

小個子黑足貓，
捕獵成功率可是獅子的三倍。

頭大身小爪爪黑，黑足貓從來不怕誰。

黑足貓小巧玲瓏，體重不到2公斤，是世界上最小的野生貓科動物之一。

牠們是非洲南部特有的物種，貓如其名，腳底長有黑色的長毛和黑色的肉墊，長毛可以防止牠們被滾燙的沙礫燙傷，也能降低走路時的聲音，是絕佳的消音器。

黑足貓分布在辛巴威等國，如果你想要去拜訪黑足貓，就得去那兒的矮草棲息地、乾旱樹木稀少的草原等地尋找。不過黑足貓戒備心十足，小巧的身體又非常方便隱藏，想找到牠們也非常不易，更多時候都要借助高科技設備才能看到。

黑足貓是典型的夜行性動物，白天沙漠空氣灼熱的時候，牠們就會躲在自己的巢穴裡睡大覺，等夜幕降臨，養足精神的黑足貓就會機敏地鑽出巢穴，捕食獵物。

鼠類、鳥類、小型爬行類動物，統統都是黑足貓的獵物。

除了這些體型小於自
己的動物，黑足貓還
敢獵殺比自己身體大
上好幾倍的禽類。

黑足貓作為優秀的獵人，牠們除了武力值爆棚，另一個主
要原因是牠們有極大的耐心，能夠靜心潛伏等待，伺機而
動。

一旦鎖定獵物，黑足貓就會專注地緊盯獵物。

只要找到機會牠們就能迅速出擊。

就算偶有失手，黑足貓也不會輕易放棄，而是追蹤獵物，繼續尋找捕獵的機會。

有的時候，牠們還會埋伏在獵物洞穴的附近，耐心等待，尋求新的攻擊機會。

正是因為這樣縝密的策略，黑足貓的捕獵成功率能高達60%，幾乎是獅子的三倍。

黑足貓每天運動量很大，一方面是為了覓食，另一方面是因為雄性黑足貓喜歡標記自己的領域，為了確保自己領域的完整，雄性黑足貓一晚上要做一、兩百個標記。

黑足貓日常不怎麼喝水，但做標記的時候又需要用氣味濃重的尿液，所以牠們在撒尿的時候會格外注意，爭取不浪費任何一滴尿。

相較於喜歡劃地盤的雄性黑足貓，雌性黑足貓不怎麼願意做記號，除了發情期的時候為了向雄性釋放信號，牠們很少會留下自己的痕跡。

雖然黑足貓的殺傷力很強，能夠捕食比自己體型大很多的動物，但實際上，牠們的生存現狀並不理想。因為牠們體型實在是太小了，所以牠們仍舊存在著天敵，儘管黑足貓非常凶猛，但面對大型食肉動物，黑足貓往往也難以抵抗。

裝小恐龍
只是即興演出

屬於母系社會南美浣熊，
成年雄性只能靠邊閃

當一群可愛的南美浣熊正常走路的影片被倒放，一群可愛的小恐龍就出現了。

就在人們驚呼小恐龍出現的時候，南美浣熊晃了晃自己的長尾巴，得意地仰著「恐龍腦袋」表示：自己還有更厲害的本事！

相較於更為人們所熟知的親戚——浣熊，南美浣熊有著更可愛的面貌，牠們長長的吻部也是區別於其他浣熊科的最顯著特點，這群長鼻子小傢伙主要棲息在美國的西南部到南美洲一帶的森林地區。

牠們喜歡群居，由少至5～6隻，多至40多隻組成一個群落。

南美浣熊喜歡群居，但在群體裡很少出現成年雄性的身影，大多數時候，南美浣熊的大家庭裡都是由雌性帶領著一群寶寶生活。

雄性寶寶在兩歲左右達到性
成熟的時候就會自動離開群
體，往其他群體尋找交配的
機會。

南美浣熊平日裡就喜歡棲
息在樹上，只要沒有特殊
情況，牠們都喜歡待在樹
上，牠們甚至連交配也是
在樹上完成的。

南美浣熊喜歡在樹上和地面尋找各種各樣的果子、種子和
鳥蛋，有的時候牠們也會捕捉昆蟲和其他小動物。

正因為南美浣熊喜歡在樹上摘果子吃，所以散發著香甜氣味的咖啡果實也就成為了南美浣熊的食物。

這些被吞掉的咖啡果在南美浣熊的腸胃裡並不會被完全消化，咖啡果實的種子會在南美浣熊的胃液裡發酵，實現令人期待的蛻變。

咖啡豆在胃裡被消化液浸
泡，其中的蛋白質被破壞，
形成短肽和游離胺基酸。

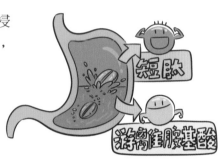

咖啡豆原有的苦澀被降
低，在口感上變得更加
醇厚美味，成了不可多
得的佳品。當這些咖啡
豆被南美浣熊排出體外
的時候，珍貴稀有的
「浣熊屎咖啡」就產生
了！

但是南美浣熊非常節制，每天最多
攝入25克咖啡果實。

而牠們拉出來的完整咖
啡豆則更少了。

這就使得「浣熊屎咖啡」成了比貓屎咖啡更為稀少的存
在。

雖然名氣比不上貓屎咖啡，流通程度也不如貓屎咖啡廣，
但在價格上完全不輸於貓屎咖啡，有的時候甚至會超越貓
屎咖啡。

與眾不同的 「三奇神獸」

「生生」不息的裸鼴鼠， 絕對不會有少子化的問題

世界上有一種奇特的動物，牠明明是哺乳動物卻像昆蟲一樣，過著高度社會性的群居生活，還會像爬行動物一樣變換體溫，像植物一樣用果糖進行代謝。最主要的是，牠長相奇醜，卻異常長壽。

這種動物就是裸鼴鼠，世界上最奇怪的哺乳動物。

裸鼴鼠生活在東非的沙漠，以植物的塊莖為食，牠們體積不大，只有五、六十公克重，只要能挖到一塊大一點兒的塊莖就能幸福地享用好久。

裸鼴鼠生活的地區是東非最乾旱的地帶，年降雨量平均只有200～400毫米，有的時候一年的降水只集中在幾天。

在這種環境下，植物的塊莖想要生長就格外不易。塊莖儲存著裸鼴鼠必需的水分和養分，越大的塊莖越不容易失水乾燥，所以越是乾旱的地區，塊莖越會努力生長，以維持自己的生存。不過大塊莖的數量也非常稀少，尤其是那些重量超過裸鼴鼠體重成百上千倍的塊莖，更是少之又少。

只要裸鼴鼠碰巧能挖到一個這樣大小的塊莖，那麼整個洞穴中裸鼴鼠一年的糧食問題也就解決了。

當然，挖到這樣的好物得優先給裸鼴鼠女王享用，畢竟牠才是整個群體裡最重要的存在。

裸鼴鼠雖然是哺乳動物卻過著和昆蟲一樣高度社會性的群居生活，在牠們的洞穴裡，一般會有七、八十隻裸鼴鼠，最多的能有三百多隻裸鼴鼠，但無論整個洞穴有多少隻裸鼴鼠，女王只有一隻。

能夠獲得和女王交配權的裸鼴鼠也不過兩、三隻，其他的只不過是為了服務群體而存在，負責為整個群體尋找食物，保護群體安全，就好像巨大蟻穴中的工蟻和兵蟻一樣，牠們所做的一切都是為了服務蟻后，以保證其能不斷地繁衍後代，維持群體的延續。

裸鼴鼠畢竟不是昆蟲，裸鼴鼠女王的生育能力也無法和蟻后相比，牠一胎平均生育10～15隻，整個孕期為70多天，一年可以分娩3～4次，這在哺乳動物裡並不算最高產的。

但裸鼴鼠怎麼會允許自己在這項能力上輸給其他哺乳動物呢？

牠們當然要別出心裁地展現出自己的「神力」！

沒錯，和其他生育能力隨年齡增加而不斷降低的大多數生物相比，裸鼴鼠的生育時間絕對是一種逆天存在。在牠們存活的二、三十年中，只要牠們進入了性成熟階段，牠們就可以一直生，一直生，一直生……

這與裸鼴鼠器官和生理機能衰老極慢有很大的關係，而這個恐怖的生育能力恐怕也是裸鼴工鼠們忠心耿耿效忠裸鼴鼠女王的原因之一。畢竟會生孩子的女族長很常見，但能生一輩子的可真是不好找！

統治群體的 「祕密武器」

靠雌激素就有
用不完育兒保母的裸鼴鼠

裸鼴鼠的群體很特殊，牠們雖然個體數量很多，但種群中只會有一隻雌性負責繁殖，這一點和蜜蜂非常相似，但在哺乳動物裡是非常罕見的。這隻負責繁育的裸鼴鼠就是整個群體的女王。身為女王，她不會親自照料幼鼠，只能由工鼠負責照料裸鼴鼠寶寶。

不過，這些工鼠從不自己分泌性激素，也不會發育到性成熟狀態。但缺少性激素的刺激，工鼠又怎麼會有育幼本能呢？這就是女王每天要做的大事了——調教自己的臣民們。而這個調教就是「餵便便」！

乍聽之下，裸鼴鼠女王給自己的臣民餵便便似乎很難實現，但要是結合裸鼴鼠本身的食便便習性來看，就很好理解了。

在裸鼴鼠龐大的地下宮殿裡，會有專門的房間用來存放糞便，這些房間就是裸鼴鼠的零食屋，是牠們解饞飽餐的好地方。

有了這樣天生的吃便便習慣，裸鼴鼠女王想要讓群體中的工鼠餵一口便便就非常容易了。

只不過裸鼴鼠女王分給工鼠們的便便是含有特殊成分的，那就是雌激素。

一旦裸鼴鼠女王懷孕，她排泄出的糞便裡就會含有雌激素，而其他裸鼴鼠吃掉含有雌激素的糞便後身體就會發生變化，開始對裸鼴鼠寶寶的叫聲有反應。

一旦聽到裸鼴鼠寶寶的呼喚，牠們就會奮不顧身地跑過去，竭盡所能的表現出一個完美母親的樣子，為寶寶提供無微不至的關懷和照料。

而這些裸鼴鼠幼鼠真正的母親只需要給自己的同類投餵帶有雌激素的糞便，就能把撫育幼兒的重擔甩出去。

只能說，做一個有臣民的女王，真的是為所欲為，輕鬆自在！

雖然我很醜，
但是我很長壽

裸鼴鼠不只長壽又健康，
還不會老，太神了。

裸鼴鼠的壽命能夠長達30年，是其他鼠類生物壽命的10倍，而且牠們的身體也很難出現病痛，在死亡來臨之前可以一直繁殖，並且外貌和大腦組織基本不會衰老。

人的平均壽命是裸鼴鼠的好幾倍，可一旦過了青春期，人類的皮膚就會逐漸失去光澤和彈性，身體和器官組織的機能也會逐漸衰退，但在裸鼴鼠身上，這種逐漸衰老的過程幾乎沒有。

六個月大的裸鼴鼠就達到了性成熟，可以開始繁衍後代了！成熟並不意味著馬上迎來衰老，裸鼴鼠的青春時代可以從2歲延續到24歲。在這個階段，無論是生理形態還是生化指標，裸鼴鼠的身體成分幾乎不會變化。最令人吃驚的是，牠們的代謝能力和生育能力一直處於良好的狀態。

時刻威脅著人類健康的兩大殺手——癌症和心血管疾病很難在裸鼴鼠身上得逞。

裸鼴鼠不容易罹癌是因為在牠們的基因組裡有許多抑癌基因，而且牠的體內有高濃度的玻尿酸。這種玻尿酸是裸鼴鼠在細胞生長時，為了讓細胞不會感覺太擠而分泌的物質，一旦細胞接觸就會產生玻尿酸，當玻尿酸填充了細胞縫隙就會迫使細胞停止分裂，這種機制也叫作「接觸性抑制」。

癌細胞最擅長的就是瘋狂複製，從而破壞動物的生理機能，但當癌細胞想要瘋狂複製的時候，立刻就會受到「接觸性抑制」的限制。有玻尿酸在癌細胞間攔截阻隔，就算再有活力的癌細胞，勉力分裂個兩、三輪後也會覺得勝利無望，只能偃旗息鼓。

除了抗癌，裸鼴鼠還有不少神奇的絕招，比如說牠們能在缺氧的情況下活動自如，還能在無氧的環境下堅持十幾分鐘。

絕大多數動物在缺氧的環境下無法分解葡萄糖，更無法轉
化為能量，而一旦能量斷供，就會導致高耗能的腦細胞率
先死亡。但裸鼴鼠卻能在無氧環境下利用果糖實現代謝。
正常來說，只有植物能做到果糖代謝，但裸鼴鼠卻輕輕鬆
鬆地就把「葡萄糖代謝」模式切換成「果糖代謝」模式。
在人類看來這一逆天的操作，對於裸鼴鼠而言不過是一個
小把戲。
即使牠體內的果糖耗盡，只要牠回到氧含量足以生存的環
境，就會若無其事地恢復到葡萄糖代謝模式，繼續享受牠
長壽的一生。

最神奇的是裸鼴鼠還不怕痛,因為牠直接切斷了疼痛信號
的傳遞通道,即使牠受到了傷害,也不會有神經元跑到牠
的大腦裡大聲吵鬧自己很疼,而這無法傳達的疼痛自然也
不會影響裸鼴鼠的心情,所以無論遭受了什麼樣的損傷,
牠也不會有任何感覺,依然過著自己雲淡風輕的日子。

醜怎麼了？
醜也不耽誤
我活得多采多姿

寒冬、酷暑，
氣溫變化的折磨跟裸鼴鼠一點關係也沒有。

裸鼴鼠的醜在動物界裡是數一數二的，還是那種醜到出類拔萃的程度。

可能也只有那些因為生活在海洋深處，為了適應深海環境而演化出另類長相的海洋生物能有與之一戰的實力。

裸鼴鼠一身皺皺巴巴的皮膚，齜著四顆大得不成比例的門牙。這些牙齒是牠們挖洞刨土的重要工具，長在嘴脣的前面，這樣可以讓牠們在挖洞的時候避免吞下泥土。

裸鼴鼠雖然是嚙齒類動物，但就如牠們的名字一樣，牠們身上幾乎沒有毛髮，從頭到尾也不過40多根像貓鬍鬚一樣的長毛。這些長毛也並不是殘餘的皮毛，而是牠們感知外界的觸鬚。

裸鼴鼠常年生活在地下，視力幾乎為零，牠們大腦皮層中負責視覺的區域也漸漸萎縮了，而牠們的觸覺感知能力很強，這些觸鬚正是牠們用來辨認方向、認清障礙物的重要存在。

搖晃

視覺中樞

這些觸鬚極其敏感，任何一根受到觸動都能讓裸鼴鼠把頭伸向刺激點。

裸鼴鼠在前進的時候會擺動頭部，後退的時候會擺動尾巴，這都是為了讓觸鬚能夠充分接觸到隧道壁，這就好似我們在摸黑走路的時候會用手觸摸一樣。

缺少了毛髮的保護，裸鼴鼠想要維持身體的溫度自然就困難許多，而相較於其他堅持消耗熱量保持身體恆溫的鼴鼠，裸鼴鼠則演化成為了外溫動物。

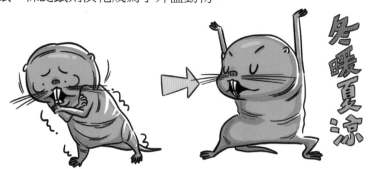

冬暖夏涼

這也意味著裸鼴鼠降低了自身的基礎代謝，在哺乳動物裡，裸鼴鼠的基礎代謝是最低的，幾乎與爬行動物相當。

不過牠們不選擇消耗自己的能量進行保溫並不意味著牠們就要忍受氣溫變化的折磨。

牠們非常聰明地選擇了盡可能地躲在地下，而地下的溫差變化本身就小，冬暖夏涼，十分舒適。

當牠們想要提升體溫時，只要跑到上層洞穴緊貼被太陽晒
熱的牆壁就可以了；當牠們想要降低體溫時，就會鑽回溫
度較低的底層洞穴，靜靜待上一會兒就會感到十分涼爽。

有草原犬鼠現蹤？
我馬上抵達戰場！

差點因為人類的滅鼠行動

絕跡的黑足鼬

是在說我嗎？我長得挺可愛啊。

在草原犬鼠的家族中一直流傳著這樣一個傳說。

「在漆黑的夜幕中，一雙穿著黑色靴子的腳輕輕地踏上了我們的族地，他冷血無情，殘酷殺戮，所到之處血流成河。我們的祖先在慌亂逃命時，只看到了一張戴著黑色面具的臉……」

幼年的草原犬鼠們瑟瑟發抖地縮在一起，被可怕的故事嚇得不敢出聲，就在這時，頭上突然有細碎的沙土掉落下來，是有人正在挖著牠們的洞。草原犬鼠們一抬頭，便看到一張戴著黑色面具的臉。

「救命啊──殺手來了──」

黑足鼬確實長得可愛，毛髮主要是淺黃色，四隻小腳都是黑色的，兩眼間還有一條褐色的斑紋，看起來就像戴著面具的蒙面俠蘇洛一樣。黑足鼬喜歡在夜間活動，而牠們最喜歡的活動就是獵殺草原犬鼠。所以在草原犬鼠的故事裡，黑足鼬是這樣恐怖的存在，畢竟牠們每一天不是在捕捉草原犬鼠，就是在捕捉草原犬鼠的路上。

作為穴居動物，黑足鼬從來不自己挖洞，因為……

黑足鼬會把草原犬鼠廢棄的洞穴作為自己的家。當然，有些洞穴與其說是「廢棄」，還不如說是「占領」。畢竟一窩草原犬鼠都被吃掉了，牠們的洞穴也就自然而然地成了戰利品。

黑足鼬雖然擅長捕獵，但並不是一年四季都這麼好戰。在冬天的時候，牠們總是能不動就不動，常常窩在家中，好幾天也不出門。不過，只要出門幾乎就不會空手而歸。

> 誰說的？蛙類和甲蟲和你們可沒有關係。

> 還不都是我的親戚們！

黑足鼬主要是以草原犬鼠為食，也會吃黃鼠、倉鼠、麝鼠、鼴鼠等。

> 來點兒飯後甜點！

黑足鼬非常聰明，有時候還會徒手拆開蜂巢，吃裡面的蜂蜜。

> 對於草原犬鼠的愛就是這麼執著！

無論黑足鼬的菜單上都有什麼，牠們最愛的還是草原犬鼠，一度還曾險些因為人類的「滅鼠」行動而導致自己的滅亡。

我不只耳朵大，
腿也很長呢！

有雙大耳朵的長耳刺蝟，可愛之外，
主要是用來散熱、獵捕和避險。

大耳蝟（又名長耳刺蝟）顧名思義，就是擁有大耳朵的刺蝟。人類常常覺得刺蝟就像是披著尖刺甲冑的老鼠，但如果看到大耳蝟可能就會改變印象了，因為牠們腦袋上的大耳朵讓牠們看起來更像是兔子。

因為大耳蝟主要生活在乾旱的地區，所以這雙大耳朵不光是為了可愛，更是為了幫助牠們散熱。同時，這一對大耳朵也能更好地監聽周圍的聲音，既能讓牠們容易發現獵物，也能幫助牠們提前躲避危險。

因為兩隻大耳朵，大耳蝟的長相顯得更加可愛。

我們都知道，刺蝟在面對危險的時候會在原地縮成一團，用自己的尖刺作為防禦。雖然也有狐狸、黃鼬這種會「智取」的天敵，能拆解掉這堅固的防禦，但更多時候這身刺皮都會讓敵人束手無策，只能悻悻離開。

除了縮成一團，我還有其他選擇！

大耳蝟自然也有這樣的本領，但更多時候，牠們會在原地防禦和放棄抵抗中選擇逃跑。因為牠們和其他的刺蝟相比，除了耳朵大，腿也長，行動速度快了許多，尤其在逃跑的時候，更能最大可能的發揮優勢。

就我這大長腿，不跑兩步都對不起這雙腿！

大耳蝟比一般刺蝟跑得快，但牠們也比一般刺蝟宅，牠們實在太喜歡窩在自己的洞穴裡了，如果不是因為有覓食的需要，牠們根本不想離開家。即使離開家了，牠們也會不斷回頭張望，戀戀不捨。

我那是為了安全好嗎？

大耳蝟在夜間外出覓食的時候，出於安全的考慮，牠們總是不停地沿著原路折返。一小段路，即使是擁有「大長腿」的牠們，往往也要走上好久。

所以就更不愛出門了！出門就是麻煩！

吃螃蟹
不只是一種選擇

即使是人類拿著吃蟹工具，
也無法吃得比食蟹狐優雅。

我愛吃的美食可多了！

食蟹狐因為愛吃螃蟹而得名，但牠們可不是僅以螃蟹為食，螃蟹不過是牠們格外偏愛的一種食物而已。龜、果實、卵、甲蟲、蜥蜴甚至腐屍都是在牠們的食譜上。

承讓，承讓！

食蟹狐在吃螃蟹的時候實在是優雅，和別的動物不同，牠們不會隨便咬碎螃蟹，囫圇吞棗吞下，而是能細緻地把螃蟹的肉吃得乾乾淨淨。即使是普通人拿著吃蟹工具，也未必能在吃螃蟹這件事上比得過食蟹狐。

食蟹狐愛吃螃蟹，不僅是因為喜歡螃蟹鮮美的味道，更主要的是牠們的牙齒並不算鋒利，很難像其他犬科動物一樣去撕咬、捕捉獵物，所以像螃蟹這樣數量龐大、不用刻意尋找、逃跑速度也不夠快的生物，在他們眼裡簡直就是「移動的食材」。

食蟹狐喜歡的其他食物，比如說龜鱉目動物，也都具有這樣的特點。所以牠們捕食，主要是看方便不方便，容易不容易。只要不費力氣，牠都會考慮考慮。

所以最愛的是你們呀！

我們味道也不差的啊！

雖然不擅長撕咬，但是食蟹狐牙齒很多，足足有42顆，臼齒非常發達，就好像藏在嘴裡的精巧小刀一樣。

因為有這樣的裝備，食蟹狐更不願意花費過多的精力去覓食了，主打一個「有什麼吃什麼」的概念。

挑食是不對的！

所以在食物短缺的季節，牠們甚至會選擇吃素，有果實就吃果實，連果實都沒有的時候，莖葉也行啦！

偶爾吃素有助於身體健康嘛！

野人文化
讀者回函卡

感謝您購買《笑翻天1分鐘生物課③ 》

姓　名　　　　　　　□女 □男　年齡

地　址

電　話　　　　　　手機

Email

學　歷　□國中(含以下)□高中職　　□大專　　□研究所以上
職　業　□生產/製造　□金融/商業　□傳播/廣告　□軍警/公務員
　　　　□教育/文化　□旅遊/運輸　□醫療/保健　□仲介/服務
　　　　□學生　　　□自由/家管　□其他

◆你從何處知道此書？
　□書店 □書訊 □書評 □報紙 □廣播 □電視 □網路
　□廣告DM □親友介紹 □其他

◆您在哪裡買到本書？
　□誠品書店　□誠品網路書店　□金石堂書店　□金石堂網路書店
　□博客來網路書店　□其他＿＿＿＿＿＿＿＿＿＿＿＿

◆你的閱讀習慣：
　□親子教養 □文學 □翻譯小說 □日文小說 □華文小說 □藝術設計
　□人文社科 □自然科學　□商業理財 □宗教哲學 □心理勵志
　□休閒生活（旅遊、瘦身、美容、園藝等）　□手工藝／DIY □飲食／食譜
　□健康養生 □兩性 □圖文書／漫畫 □其他

◆你對本書的評價：（請填代號，1. 非常滿意　2. 滿意　3. 尚可　4. 待改進）
　書名＿＿＿封面設計＿＿＿版面編排＿＿＿印刷＿＿＿內容＿＿＿
　整體評價＿＿＿

◆希望我們為您增加什麼樣的內容：

◆你對本書的建議：

23141
新北市新店區民權路108-2號9樓
野人文化股份有限公司 收

野人

請沿線撕下對折寄回

野人

書名：笑翻天1分鐘生物課③
書號：GRAPHIC TIMES 064